北京时代华文书局

图书在版编目（CIP）数据

当诗词遇见科学：全20册 / 陈征著 . — 北京：北京时代华文书局，2019.1（2025.3重印）
ISBN 978-7-5699-2880-8

Ⅰ. ①当… Ⅱ. ①陈… Ⅲ. ①自然科学－少儿读物②古典诗歌－中国－少儿读物 Ⅳ. ①N49②I207.22-49

中国版本图书馆CIP数据核字(2018)第285816号

拼音书名 | DANG SHICI YUJIAN KEXUE：QUAN 20 CE

出 版 人 | 陈 涛
选题策划 | 许日春
责任编辑 | 许日春 沙嘉蕊
插 图 | 杨子艺 王 鸽 杜仁杰
装帧设计 | 九 野 孙丽莉
责任印制 | 訾 敬

出版发行 | 北京时代华文书局 http://www.bjsdsj.com.cn
北京市东城区安定门外大街138号皇城国际大厦A座8层
邮编：100011 电话：010-64263661 64261528
印 刷 | 天津裕同印刷有限公司
开 本 | 787 mm×1092 mm 1/24 印 张 | 1 字 数 | 12.5千字
版 次 | 2019年8月第1版 印 次 | 2025年3月第15次印刷
成品尺寸 | 172 mm×185 mm
定 价 | 198.00元（全20册）

版权所有，侵权必究
本书如有印刷、装订等质量问题，本社负责调换，电话:010-64267955。

自 序

一天，我坐在客厅的沙发上，望着墙上女儿一岁时的照片，再看看眼前已经快要超过免票高度的她，恍然发现，女儿已经六岁了。看起来她一直在身边长大，可努力搜索记忆，在女儿一生最无忧无虑的这几年里，能够捕捉到的陪她玩耍，给她读书讲故事的场景，却如此稀疏……

这些年奔忙于工作，陪孩子的时间真的太少了！

今年女儿就要上小学，放眼望去，小学、中学、大学……在永不回头的岁月中，她将渐渐拥有自己的学业、自己的朋友、自己的秘密、自己的忧喜，直到拥有自己的家庭、自己的人生。唯一渐渐少了的，是她还愿意让我陪她玩耍，给她读书、讲故事的时间……

不能等到孩子不愿听的时候才想起给她读书！这套书就源自这样的一个念头。

也许因为我是科学工作者，科学知识是女儿的最爱，她每多了解一个新的科学知识，我都能感受到她发自内心的喜悦。古诗词则是我的最爱，那种“思飘云物动，律中鬼神惊”的体验让一个学物理的理科男从另一个视角感受到世界的美好。当诗词遇见科学，当我读给孩子，这世界的“真”“善”与“美”如此和谐地统一了。

书中的科学知识以一个个有趣的问题提出，目的并不在于告诉孩子答案，而是希望引导孩子留心那些与自然有关的细节，记得观察生活、观察自然；引导孩子保持对世界的好奇心，多问几个为什么。兴趣、观察和描述才是这么大孩子的科学教育应该做的。而同时，对古诗词的赏析，则希望孩子们不要从小在心里筑起“文”与“理”之间的高墙，敞开心扉去拥抱一个包括了科学、文化和艺术的完整的世界。

不得不承认，这套书选择小学语文必背的古诗词，多少还是有些功利心在其中。希望在陪伴孩子的同时，也能为孩子的学业助一把力。

最后，与天下的父母共勉：多陪陪孩子，趁着他们还没长大！

目录

唐 贺知章

回乡偶书
huí xiāng ǒu shū

shào xiǎo lí jiā lǎo dà huí, xiāng yīn wú gǎi bìn máo shuāi.
少小离家老大回，乡音无改鬓毛衰。

ér tóng xiāng jiàn bù xiāng shí, xiào wèn kè cóng hé chù lái.
儿童相见不相识，笑问客从何处来。

1 偶书：不经意地、偶然随意地写下来。

2 少小离家：年少时就离开家乡。

3 老大：年龄大了，贺知章回乡时已年逾八十。

4 鬓毛：额角边靠近耳朵的头发。

5 衰：鬓发稀疏、斑白。

从很小的时候，我就离开家乡，经过多年世事变迁，如今再回乡已经八十多岁。尽管我的乡音没有改变，但人到底老了，满面皱纹，鬓角的毛发也已经疏落。家乡的孩子看到我，没有一个认识的。与我攀谈几句后，笑着询问我：“你是从哪里来的呀？”我一时语噎，竟然不知说什么，心底泛起一股复杂的情绪。

口音为什么不容易改？

大脑是我们人体的司令部和指挥官，大脑的不同区域控制着人的不同本领，比如语言、表情、运动、情绪，等等。一般来说，我们学习各种本领的能力在大脑发育的过程中是最强的，等到大脑发育完成以后，再想学习相同的本领就会困难许多。就像一棵小树苗在生长过程中比较容易修剪成我们想要的样子，如果等它已经长大定型，再想要改变它的样子就非常困难了。

人类的大脑在10岁以前发育最快，之后就逐渐减慢。学习说话能力最强的时间是在五六岁以前，在这期间养成的吐字发音习惯、形成的口音，往往一辈子伴随我们。长大后想要改变口音，往往需要付出非常艰苦的努力。

有些孩子小时候不幸和人类社会分开，与野兽相处，变成了“狼孩”，当他们长大被人们发现时，由于已经错过了语言学习的黄金时期，很难再学会人类的语言了。

头发为什么会变白？

头发是从皮肤上的毛囊里生长出来的，主要成分是一种叫作角质蛋白的蛋白质。头发本身并没有生命，它“生长”的过程其实是毛囊不断在头发根部添加新的角质蛋白的过程。

毛囊中有一些色素细胞会合成色素，在角质蛋白堆积成头发的过程中，这些色素混杂其中，就让头发带上了颜色。中国人的头发中主要含有的是黑色素，因此头发是黑色的。而其他人种头发中含有不同颜色的色素，因而会有金色、棕色、红色等各种颜色的头发。

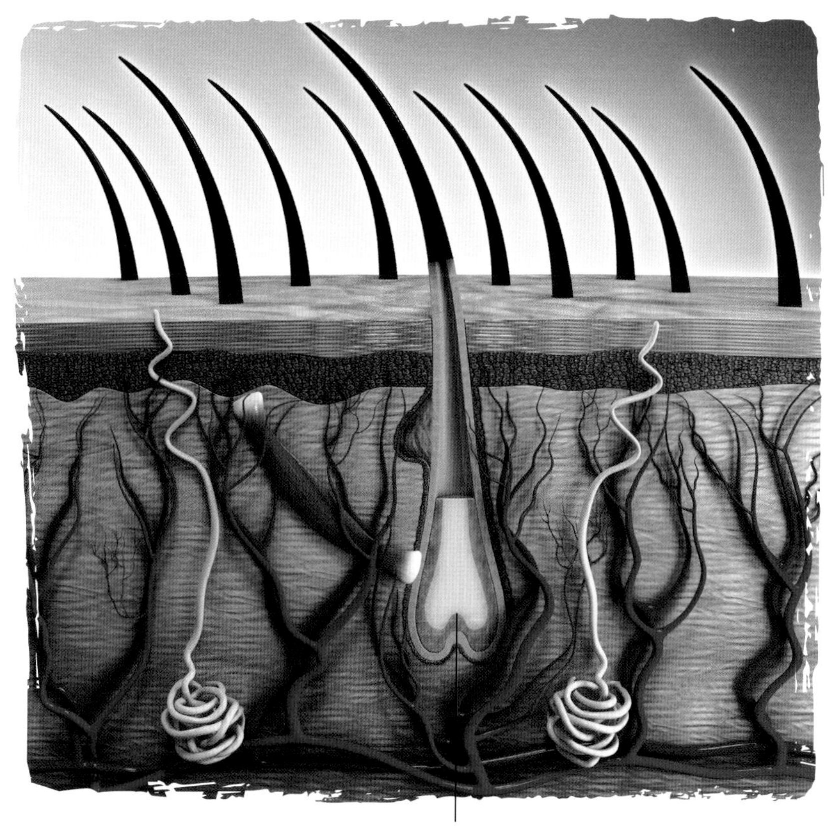

毛囊

当人上了年纪，毛囊中的色素细胞逐渐衰老，分泌的色素越来少，那么头发的颜色就会变得越来越浅，最后没有色素分泌，头发就完全变成了角质蛋白本身的颜色——白色。所以你会发现，不论什么人种，什么颜色的头发，老了以后随着色素的减少，都会变成白色。

唐 王之涣

liáng zhōu cí
凉州词

huáng hé yuǎn shàng bái yún jiān, yí piàn gū chéng wàn rèn shān
黄河远上白云间，一片孤城万仞山。

qiāng dí hé xū yuàn yáng liǔ, chūn fēng bú dù yù mén guān
羌笛何须怨杨柳，春风不度玉门关。

1 凉州词：唐代流行的一种曲调名，又叫“凉州曲”，内容多涉及边塞景观、军营生活。凉州为今甘肃武威。

2 仞：古时以七尺或八尺为一仞。

3 羌笛：羌族的一种横吹式管乐器。

4 何须怨：何必埋怨。

5 杨柳：这里指《折柳曲》，曲调凄凉，表达离别的愁苦之情。

6 玉门关：汉武帝设置，因为西域输入玉石取道于此而得名。故址在今甘肃敦煌西，是唐代通往西域的要道。

放眼望去，黄河源头仿佛在云天相接处，河水似从白云之间倾泻而来。玉门关像个弃子似的，孤零零地站在巍峨群山中，在蓝天、白云、群山映衬下，愈发显得孤峭冷寂。《折柳曲》奏起，笛声回荡在孤城之上，婉转而悠扬。笛声勾起戍边战士的思乡愁绪，让戍边战士想到家中的亲人。突然，有个长者大喝一声：“何必再吹那哀怨的《折柳曲》？谁都知道，春风是吹不到玉门关的。”众战士尽管难以排遣乡愁，但考虑到戍边事大，精神都为之一振。

万仞山有多高？

诗人采用了夸张的文学手法来形容山高。那么万仞山究竟有多高呢？仞是中国古代的一种长度单位，周代规定一仞是八尺，汉代规定一仞是七尺。当时的一尺相当于今天的 23 厘米左右，那么周代的一仞就是 184 厘米左右，汉代的一仞则是 161 厘米左右。无论按照周代还是汉代的规定，万仞山都是超过 15000 米的高山。今天我们知道，世界最高峰珠穆朗玛峰的海拔高度是 8848 米，万仞山约是它的两倍。

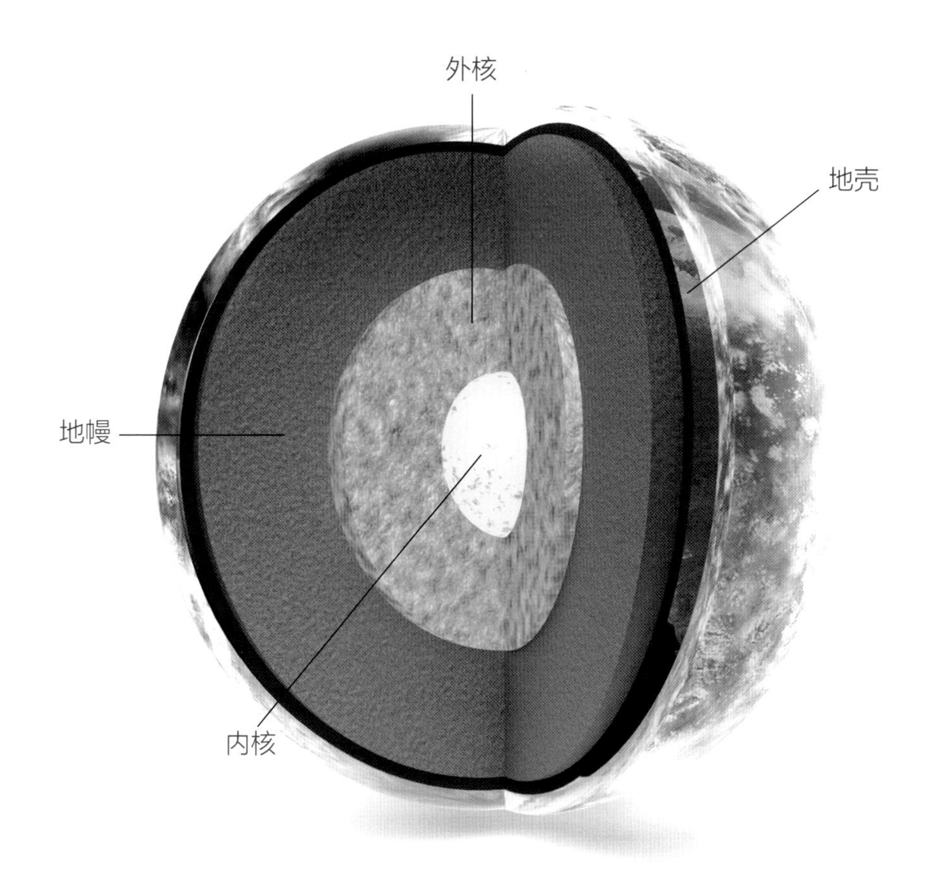

地球上可能有万仞甚至几万仞的高山吗？地球表面坚硬岩石组成的地壳是漂浮在柔软的岩浆之上的，当山很高时，就像大海上一艘特别重的船，会沉入岩浆之中，高度降低。因此，要想形成几万米高的高山是非常困难的。

春风为什么不度玉门关？

古代凉州是今天的甘肃省武威市一带，玉门关位于今天甘肃省敦煌市西北 90 千米的地方。玉门关以西的广大地区在古代被称为西域。这里在地理上处于中纬度的内陆深处，来自海上的季风很难把水汽带到这么远的地方。

尤其它处在世界屋脊青藏高原的北面，来自印度洋的暖湿气流被平均海拔 4000 多米的青藏高原完全挡在了南侧，气流携带的大量水汽在那里变成雨水，形成了世界雨极——乞拉朋齐；而北侧的玉门关以西的地区，因为没有水汽的到来常年干旱，植被难以生长，形成了广袤荒凉的大漠戈壁。这一景象和东部湿润地区春暖花开、草木繁盛相比反差极大，所以诗人才会有“春风不度玉门关”的感叹。

dēng guàn què lóu

登鹳雀楼

唐 王之涣

bái rì yī shān jìn
白日依山尽，

huáng hé rù hǎi liú
黄河入海流。

yù qióng qiān lǐ mù
欲穷千里目，

gèng shàng yì céng lóu
更上一层楼。

鹳雀楼：因常有鹳雀在此停留而得名，坐落于今山西省永济市蒲州古城西面的黄河东岸，元初毁于战火，改革开放后重建。

这是一首登楼题咏诗，前两句写景，后两句抒情，整首诗蕴含着一种昂扬向上的力量，一种对壮美河山的赞美，不愧是唐代五言诗的压卷之作。诗人满心欢喜，登上了著名的鹳雀楼。哇！眼前的盛景简直让人乐开了花！橙红的夕阳慢慢向着高山的那边落下，汹涌澎湃的黄河一泻千里向着大海奔腾而去。壮哉！美哉！诗人情不自禁地想："站得高，看得远！如果要穷尽这千里之外的风景，就要再往上攀爬一层楼啊。"

为什么站得高才能看得远呢?

古人认为“苍天如圆盖，大地似棋盘”，天像大锅盖一样罩在平坦的大地上。如果大地是平坦的，那么站得高低不同时，能看到的距离远近不应该有太大差别。可是善于观察的古人却发现站得高却能看得更远，这里面其实是有科学道理的。

今天我们已经知道，大地并不是一个一望无垠的平面，而是一个直径有 12000 多千米的巨大圆球——地球。我们的视线和地球表面相切的那个点的远近,决定了我们能够看到的距离的远近。如果我们站得比较低，视线和地面相切的点就比较近，而当站得比较高时，我们的视线和地球相切的点就会比较远，于是我们就能看到更远处的东西。

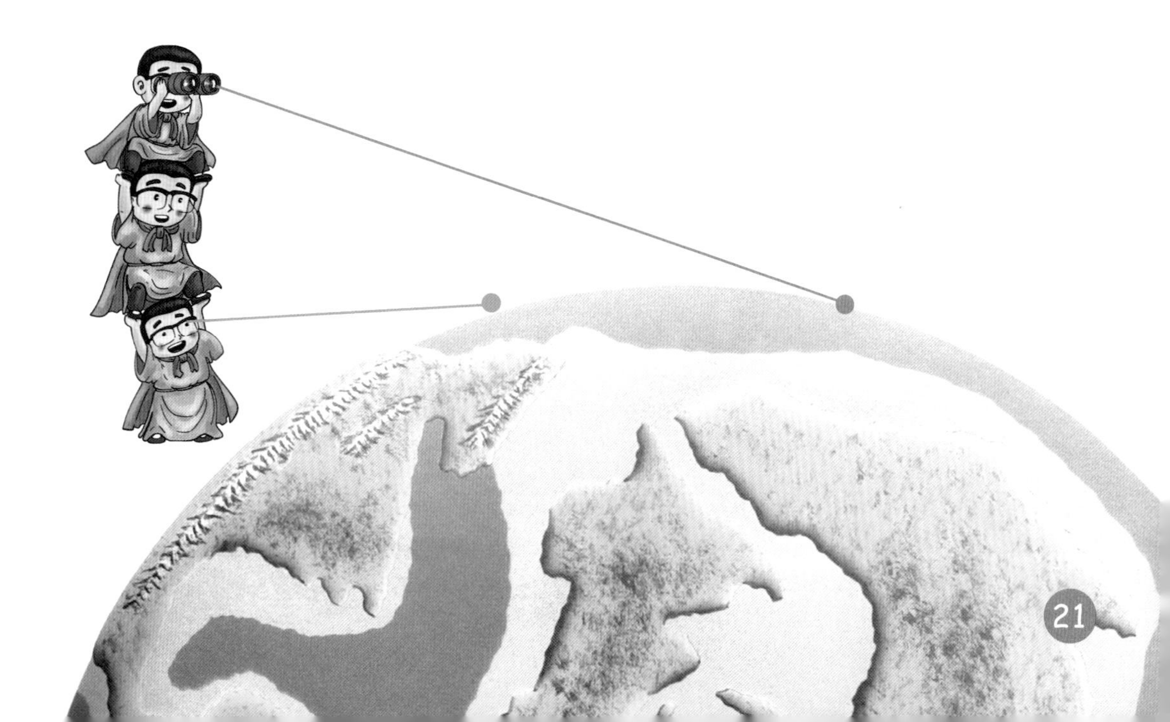

地球为什么是球形的呢？

其实不光是地球，宇宙当中绝大多数天体都是球形的，只有个头很小的家伙才会长得稀奇古怪。这是因为自然界存在着一种很神奇的力量——万有引力。这种力量让物质之间相互吸引，它普遍存在于宇宙中所有的物质之间，小到原子、分子之间，中到人与人之间，大到恒星、星系之间，都会相互吸引。

万有引力的大小和物质的多少（也就是质量）有关。引力本身虽然非常弱，但当质量非常大的时候，力量就很大。一大团物质聚集在一起形成天体时，每一个原子都会被万有引力拉向这团物质的中心（质心），直到各个方向上的原子都堆积得差不多紧密时，天体的形状才基本定型。

我们知道相对于中心各个方向都对称的形状就是球体，所以宇宙中绝大多数天体形成之后，在引力长年累月的作用下就都变成了球体。只有那些直径小于 1000 千米的大石头，因为质量比较小，引力不足以赢过石头本身的强度，没办法把它们变成球体，所以那些小天体才会长得千奇百怪。

科学思维训练小课堂

① 尝试用多种方言说“你好”。

② 回忆你见过的最高的山，它的海拔大约有多少米？若以“仞”为单位，又有多高呢？

③ 找找家里有哪些球形的东西，它们之间有什么不同吗？

扫描二维码回复“诗词科学”

即可收听本书音频